迪士尼 腦力挑戰 遊戲書 ❷

新雅文化事業有限公司
www.sunya.com.hk

旅行 目的地

唐老鴨、輝兒、杜兒和路兒打算去什麼地方旅行呢？請把相同的地名刪去，把答案填在 ＿＿＿ 上。

米蘭

東京

韓國

紐約

杜拜

莫斯科

韓國

米蘭

馬來西亞

杜拜

巴黎

紐約

東京

泰國

泰國

巴黎

莫斯科

目的地：＿＿＿＿＿＿＿＿＿＿＿

圖案 迷宮

一起來跟米奇玩遊戲吧！以下的三個起點各有三個出發方向，哪個方向可以穿過所有 ♥（包括所有起點的圖案）抵達終點？請注意，可以斜走，但不能穿過 ✕，也不能重複路線。

起點

起點

起點

終點

瘋狂賽車

1 唐老鴨的車開得太快,有些東西從他身上飛出來了!那是什麼東西呢?請根據圓點塗上顏色找出來吧。

2 請把火焰中相同的字刪去,看看唐老鴨在說什麼,把答案填在＿＿＿上。

你　我　賽

要　好　勝　強　跑

車　衝　你　飛　賽　好

飛　勝　車　強　線　跑

＿＿＿＿＿＿＿＿＿＿

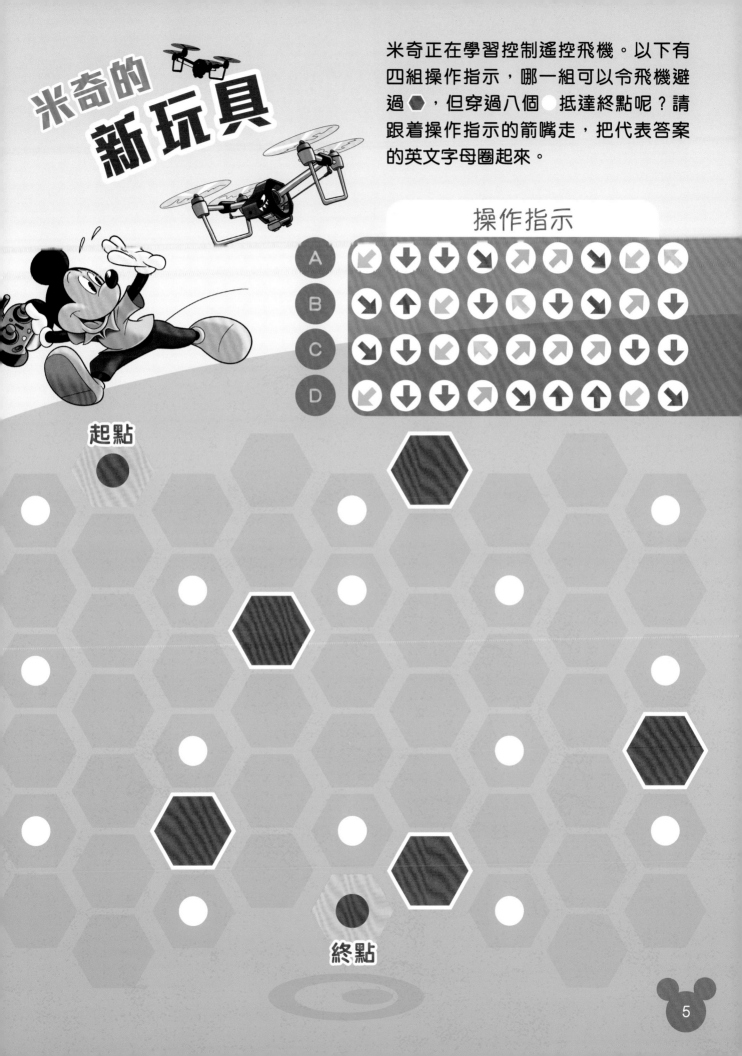

天際飛翔

高飛正在用懸掛式滑翔機在天空飛翔。請帶領他穿過雲層迷宮。注意，不要穿過閃電、風暴和雨雲等天氣惡劣的地方啊！

起點

終點

2

高飛很享受他的飛行旅程。你能找
到哪個是他倒映在雲上的影子嗎？
請把代表答案的英文字母圈起來。

A

B

C

D

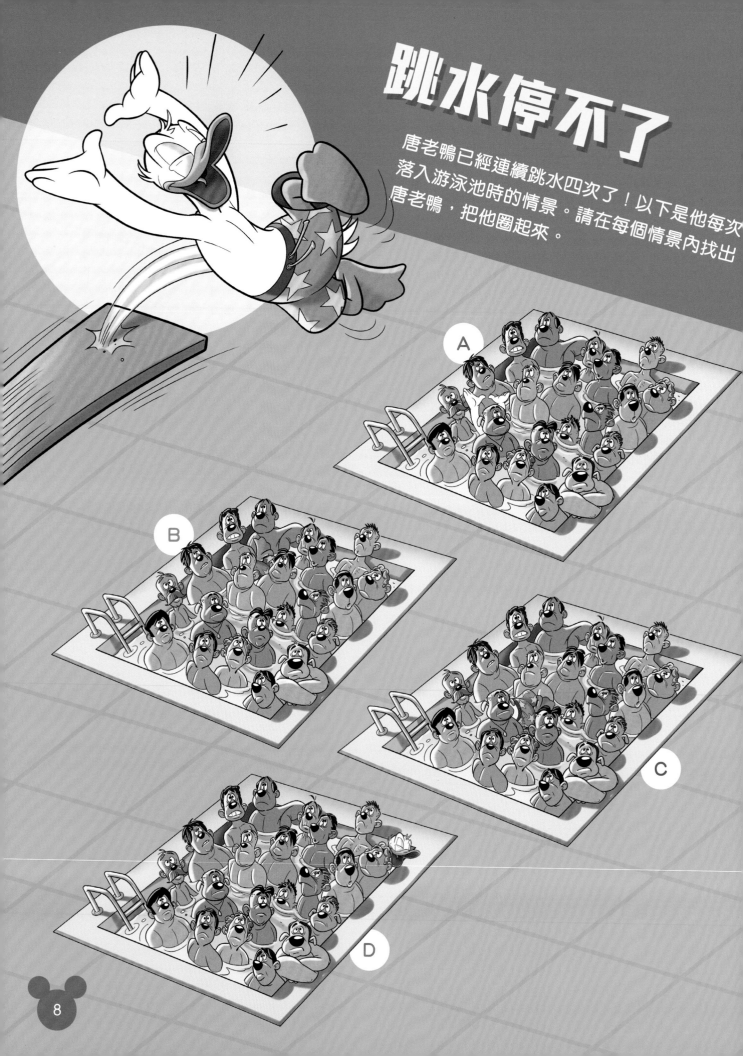

跳水停不了

唐老鴨已經連續跳水四次了！以下是他每次落入游泳池時的情景。請在每個情景內找出唐老鴨，把他圈起來。

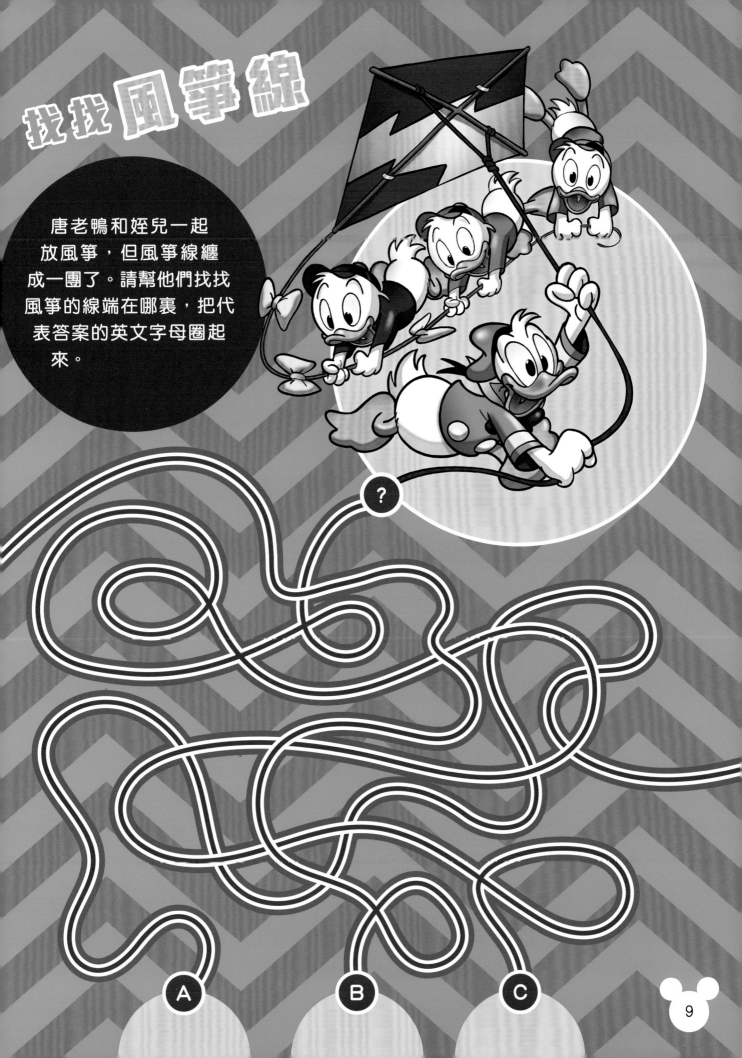

找找風箏線

唐老鴨和姪兒一起放風箏，但風箏線纏成一團了。請幫他們找找風箏的線端在哪裏，把代表答案的英文字母圈起來。

A   B   C

水上迷宮

正在划艇的唐老鴨為何如此驚慌呢？
請帶領他穿過水上迷宮，把沿途經過
的字串成一句話並填在 _____ 上，就
知道答案了。記得要避開漩渦啊！

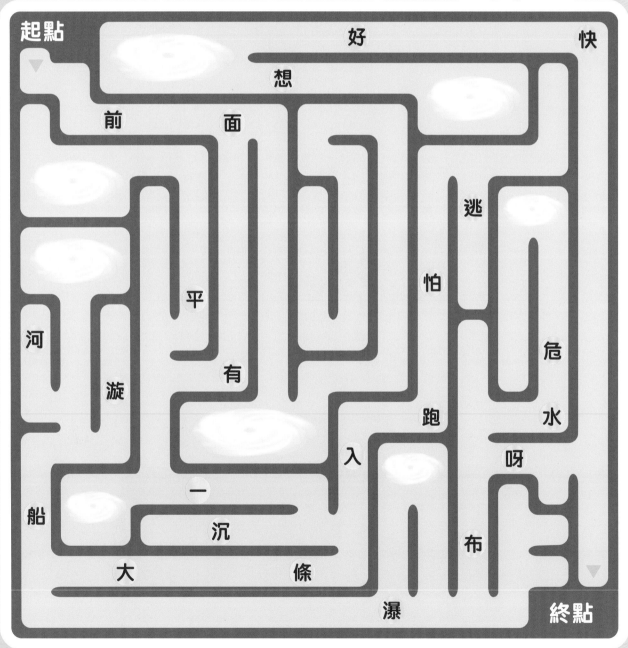

起點　　　　　　　　好　　　快
　　　　　　想
　前　面
　　　　　　　　　　逃
　　平　　　　　　　怕
河　　　　　　　　　危
　漩　有　　　　　　水
　　　　　　入　跑　呀
船　　一
　　沉　　　　　　　布
　大　　條
　　　　瀑　　　　終點

準備潛水！

高飛要練習潛水。請仔細觀察上圖，高飛透過潛水鏡會看到什麼呢？請把代表答案的英文字母圈起來。小提示：高飛可以看到五個景象。

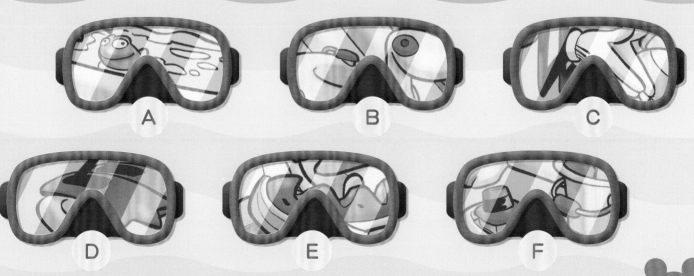

A

B

C

D

E

F

籃球 挑戰賽

2分　2分　2分

2分

2分

1分

3分

唐老鴨與輝兒、杜兒和路兒玩投籃遊戲。請根據他們的籃球顏色計算投籃得分，把答案填在＿＿＿上。

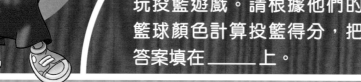

唐老鴨 ＿＿ + ＿＿ + ＿＿ + ＿＿ + ＿＿ = ＿＿

輝兒  ＿＿ + ＿＿ + ＿＿ + ＿＿ + ＿＿ = ＿＿

杜兒 ＿＿ + ＿＿ + ＿＿ + ＿＿ + ＿＿ = ＿＿

路兒 ＿＿ + ＿＿ + ＿＿ + ＿＿ + ＿＿ = ＿＿

混亂的 網球場

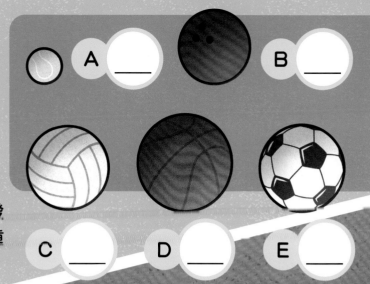

1 唐老鴨買了一個古怪的裝置,可以發射不同的球。請根據右表數一數每種球的數量,把答案填在_____上。

2

場內只有一種球是獨一無二的,請把它圈起來。

籃球 真好玩

3×3初階

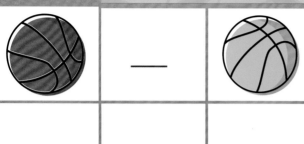

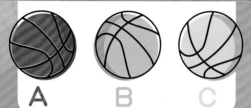

A　B　C

1

高飛要把籃球放回儲物架上，擺放規則是每一直行和橫行的籃球顏色都不能重複。請幫助高飛完成任務，把代表答案的英文字母填在＿＿＿上。

A　B　C　D

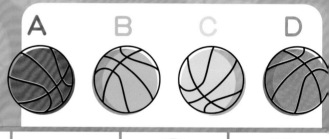

4×4進階

2

以下是一個籃球網迷宮，你能
順利找到出路嗎？

起點

起點

終點

高爾夫球賽

唐老鴨發現，原來高爾夫球賽是以最少桿數打入洞者為勝。請根據箭嘴方向前進到終點，記得要走最短路線和用最少桿數啊！

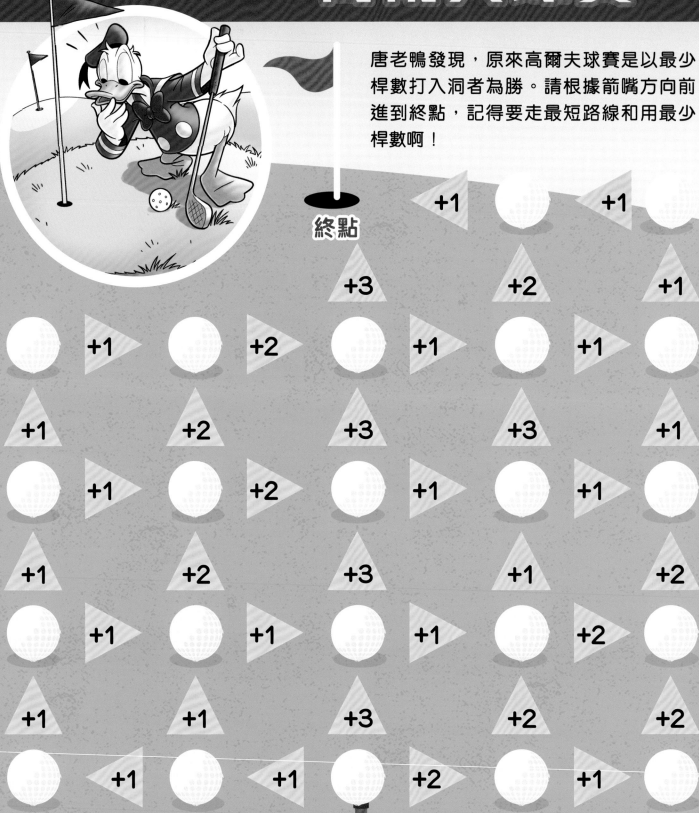

終點

+1 +1

+3 +2 +1

+1 +2 +1 +1

+1 +2 +3 +3 +1

+1 +2 +1 +1

+1 +2 +3 +1 +2

+1 +1 +1 +2

+1 +1 +3 +2 +2

+1 +1 +2 +1

起點

16

古怪 倒影

莫蒂和費迪想幫高飛學跳水，但他們發覺水中的倒影變得很奇怪。倒影跟真實情景有九處不同的地方，請在倒影中把它們圈起來吧！

未完成的 拼圖

一隻貪玩的鳥兒喜歡作弄唐老鴨，常常偷走他的拼圖。幸好，這次唐老鴨把丟失的拼圖小塊找回來了。請幫他完成拼圖，把代表答案的英文字母填在＿＿＿上。

唐老鴨 的獎牌

唐老鴨得到了一面大獎牌，他想放進姪兒們的獎牌展示架上。請從小至大為獎牌排次序，把答案填在＿＿上。1代表最小，7代表最大。

A ___

B ___

C ___

D ___

E ___

F ___

G ___

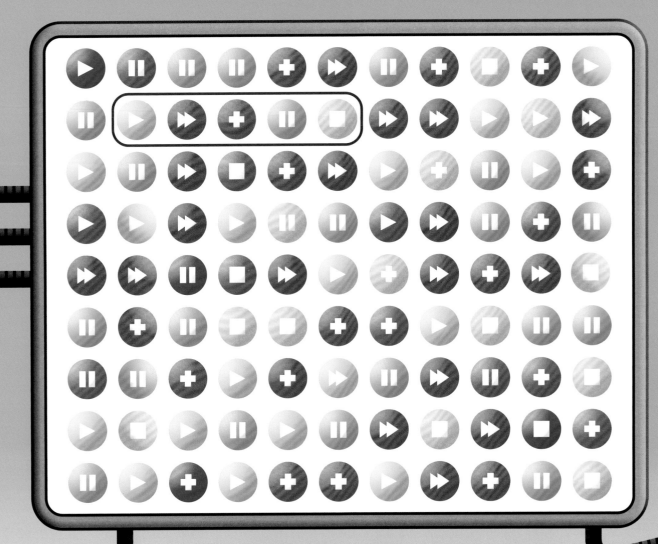

極速 跑步機

米奇想在跑步機上跑步來鍛煉身體。以下是他要輸入的操作指令次序，你能在大圖中把這個次序找出來嗎？請看看例子吧。注意，這個次序在大圖中共有6組：2組橫向、2組直向和2組斜向。

操作指令次序

雪山上的危機

高飛要在雪山上休息，但要小心隨時掉下來的冰柱！請根據每根冰柱掉下的位置，幫他找出安全的地方，把代表答案的英文字母圈起來。小提示：你可以用尺子幫忙解題啊！

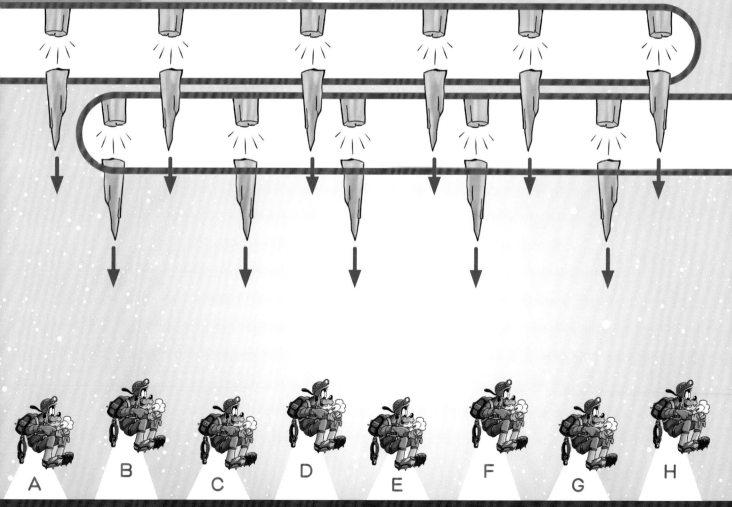

跳入金幣堆

史高治最愛跳入金幣堆中游泳！請帶領他向上下或左右游動，但下一枚硬幣的面值要比上一枚多出或少於1。

起點

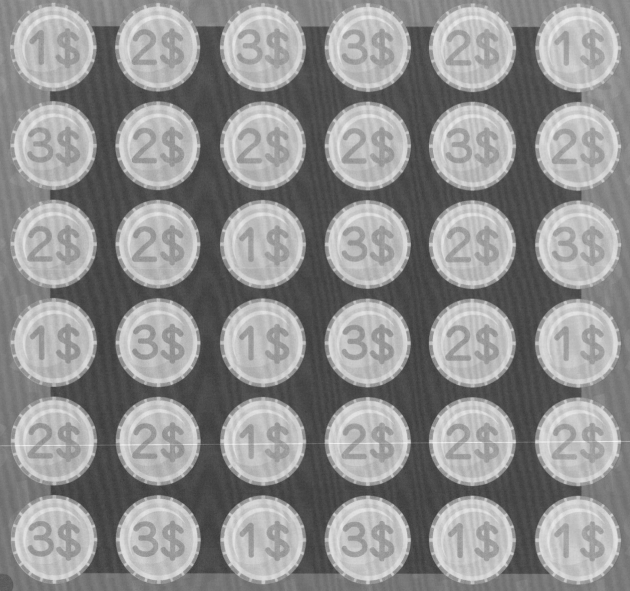

終點

重組 棋盤

米奇喜歡玩國際象棋，但棋盤上有些部分缺失了。請找出對應的形狀，把代表答案的英文字母填在＿＿＿上。

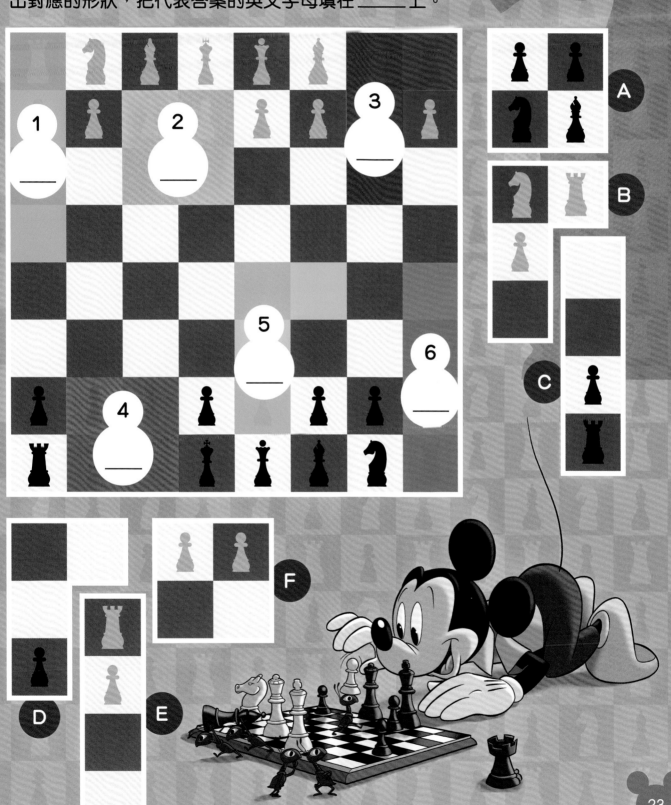

一起 滑雪

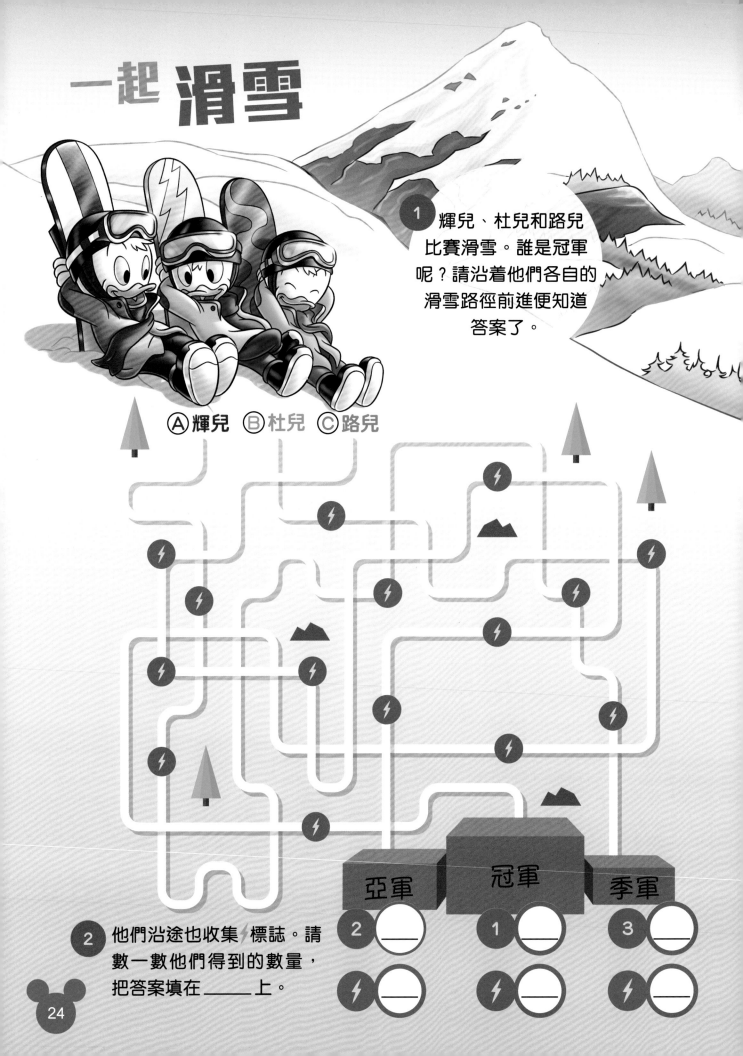

1 輝兒、杜兒和路兒比賽滑雪。誰是冠軍呢？請沿着他們各自的滑雪路徑前進便知道答案了。

Ⓐ 輝兒　Ⓑ 杜兒　Ⓒ 路兒

2 他們沿途也收集⚡標誌。請數一數他們得到的數量，把答案填在_____上。

亞軍　　冠軍　　季軍

2　　1　　3

幸運金幣

25

單車 競賽

起點

唐老鴨和別人進行單車競賽。請帶領他穿過迷宮，而且沿途要根據以下的顏色次序收集旗幟。

旗幟次序

終點

跳躍訓練

跳躍指示

Ⓐ Ⓑ Ⓒ

米奇正在訓練布魯托跳出不同的花式。請根據跳躍規律，從跳躍指示中選擇，把代表答案的英文字母填在 _____ 上。

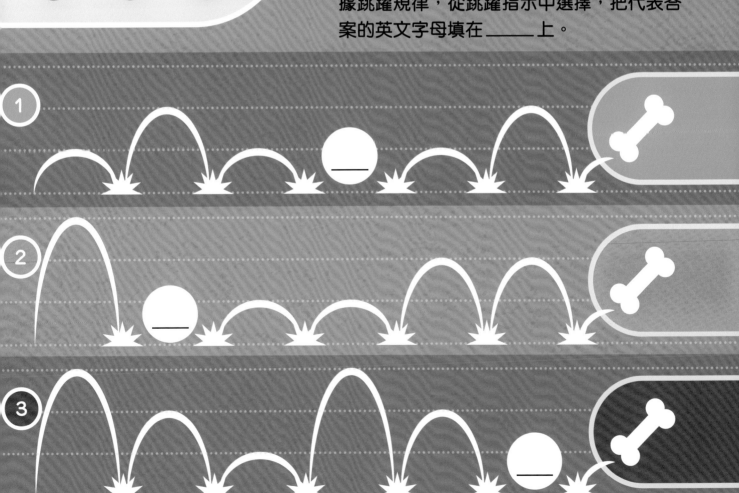

① _____

② _____

③ _____

拳擊遊戲

拳擊 高手

得分標準

A 10   B 20

C 30   D 40

高飛要訓練自己成為拳擊高手。請根據得分標準，計算每組拳擊所欠的分數，把代表答案的英文字母填在 _____ 上。

1 ⊕ + ◯ + ⊕ + ⊕ = 100

2 ⊕ + ⊕ + ◯ + ⊕ = 100

3 ⊕ + ⊕ + ⊕ + ◯ = 100

復活蛋
包裝紙

唐老鴨收到一個朱古力
復活蛋。請根據剝開復活蛋
包裝紙的先後次序，把答案填
在＿＿＿上。1代表剝開的
第一個步驟，8代表
最後的步驟。

A ＿＿＿

B ＿＿＿

C ＿＿＿

D ＿＿＿

E ＿＿＿

F ＿＿＿

G ＿＿＿

H ＿＿＿

拉動 雪橇

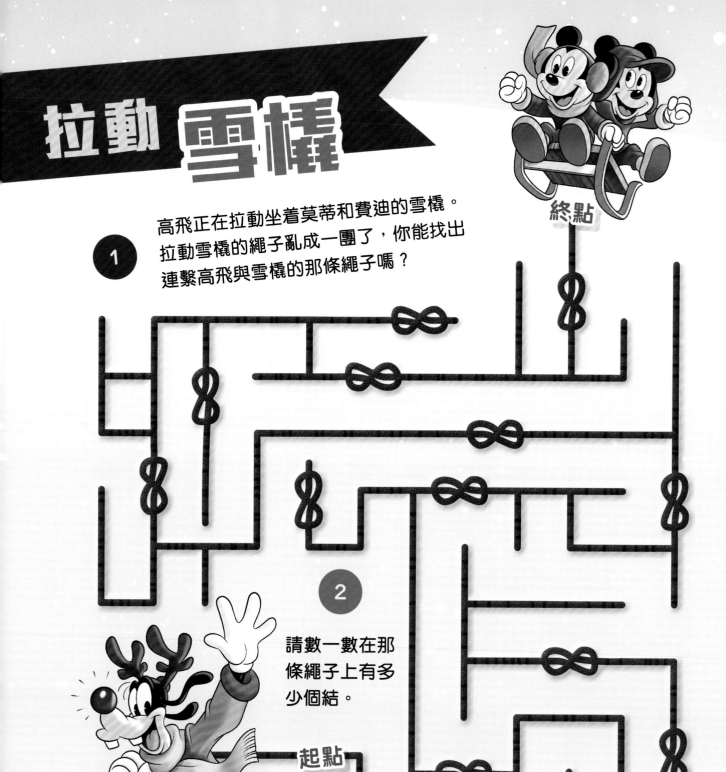

終點

1 高飛正在拉動坐着莫蒂和費迪的雪橇。拉動雪橇的繩子亂成一團了，你能找出連繫高飛與雪橇的那條繩子嗎？

2 請數一數在那條繩子上有多少個結。

起點

有趣的 南瓜

唐老鴨會將南瓜雕刻成什麼樣子呢？請根據圓點塗顏色。然後，仔細觀察南瓜的外形、眼睛和嘴巴，它們跟以下哪個選項是相同的？請把代表答案的英文字母圈起來。

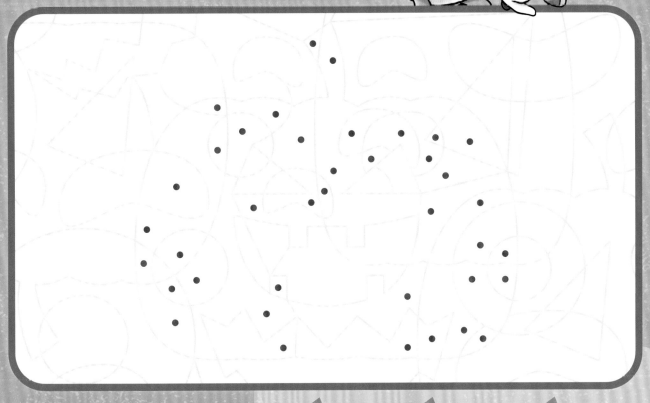

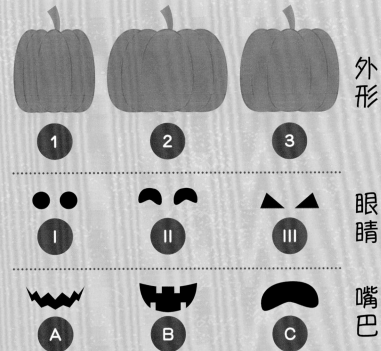

外形

1 2 3

眼睛

I II III

嘴巴

A B C

誰的 聖誕襪？

唐老鴨為三個姪兒準備了三份不同的聖誕禮物。請跟着每隻聖誕襪前的路線走，看看它們各自屬於誰，把答案填在＿＿＿上。

1 ＿＿＿ 2 ＿＿＿ 3 ＿＿＿

薄餅出爐了！

唐老鴨為黛絲焗了一個獨一無二的薄餅，那是什麼樣子的呢？請把相同的薄餅刪去，把代表答案的英文字母圈起來，你便知道了。

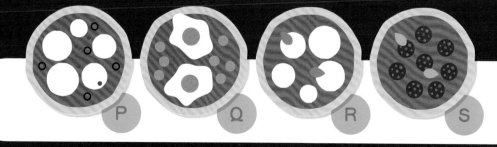

復活蛋 配對

不好了，朱古力復活蛋被弄破了！請根據破損的形狀，找回對應的缺失部分，把代表答案的英文字母填在＿＿上。

1 ＿＿

2 ＿＿

3 ＿＿

4 ＿＿

5 ＿＿

6 ＿＿

A

B

C

D

E

F

黛絲 的反應

唐老鴨和姪兒雕刻了很多南瓜頭。
請根據右面的表情次序穿過迷宮，
看看黛絲見到南瓜頭後說了什麼。

表情次序

好可怕！　真可愛！　好漂亮！　我喜歡！　太棒了！

數數錢袋

史高治最愛數金幣。以下的錢袋代表了不同的金幣數量,請計算每組錢袋共有金幣多少個,把答案填在____上。

1個   **____3個**   **_____5個**

錢袋內的錢幣數量

A $ + $ + $ + $ = ____個

B $ + $ + $ + $ = ____個

C $ + $ + $ + $ = ____個

D $ + $ + $ + $ = ____個

七彩游泳圈

輝兒、杜兒和路兒在家裏發現了許多個游泳圈，你能找出唯一一個與其他不同的游泳圈嗎？請把代表答案的英文字母圈起來。然後，把隱藏在游泳圈堆內的充氣海馬也圈起來。

A　B　C　D

E　F　G　H

I　J　K　L

M　O　P　Q

R　S　T

神秘剪影

萬聖節到了！唐老鴨和朋友都悉心打扮。請觀察以下的剪影是誰，把代表答案的英文字母填在＿＿＿上。

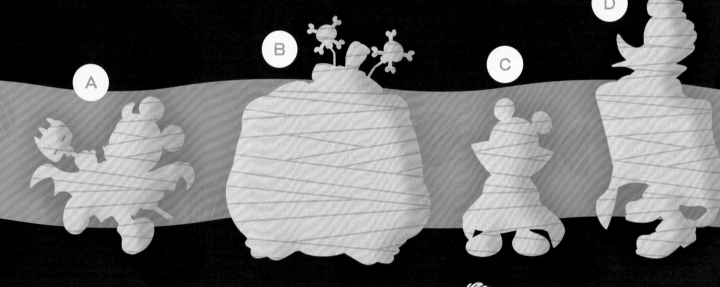

1 ＿＿＿ 2 ＿＿＿ 3 ＿＿＿ 4 ＿＿＿

誰的眼睛？

在萬聖節派對上，燈光突然全部熄滅！請觀察以下的眼睛是屬於什麼人，把代表答案的英文字母填在＿＿上。

心形泡泡

唐老鴨為黛絲吹了許多心形泡泡。以下是他吹出的次序，你能在大圖中把這個次序找出來嗎？請看看例子吧。注意，這個次序在大圖中共有6組：2組橫向、2組直向和2組斜向。

心形泡泡次序

40

拆禮物

黛絲收到很多聖誕禮物。她想從大至小拆禮物，你能幫她排列次序嗎？請把答案填在 _____ 上。1代表最大，9代表最小。

A _____

B _____

C _____

D _____

E _____

F _____

G _____

H _____

I _____

最愛服飾

唐老鴨和姪兒最近喜歡上一種服飾。請從A出發跟着綠色箭嘴走到B，你就會知道是什麼服飾了。

有趣的生活照

以下是米奇和米妮的生活照，裏面隱藏了不少物品呢。請從中找出A至F的物品，把它們圈起來吧！

A

B

C

D

E

H

G

F

海豚 跳圈圈

海豚的跳躍力真好！請根據箭嘴方向找出每條海豚跳過多少個圈圈，把答案填在 ——— 上。小提示：你可以用尺子幫忙解題啊！

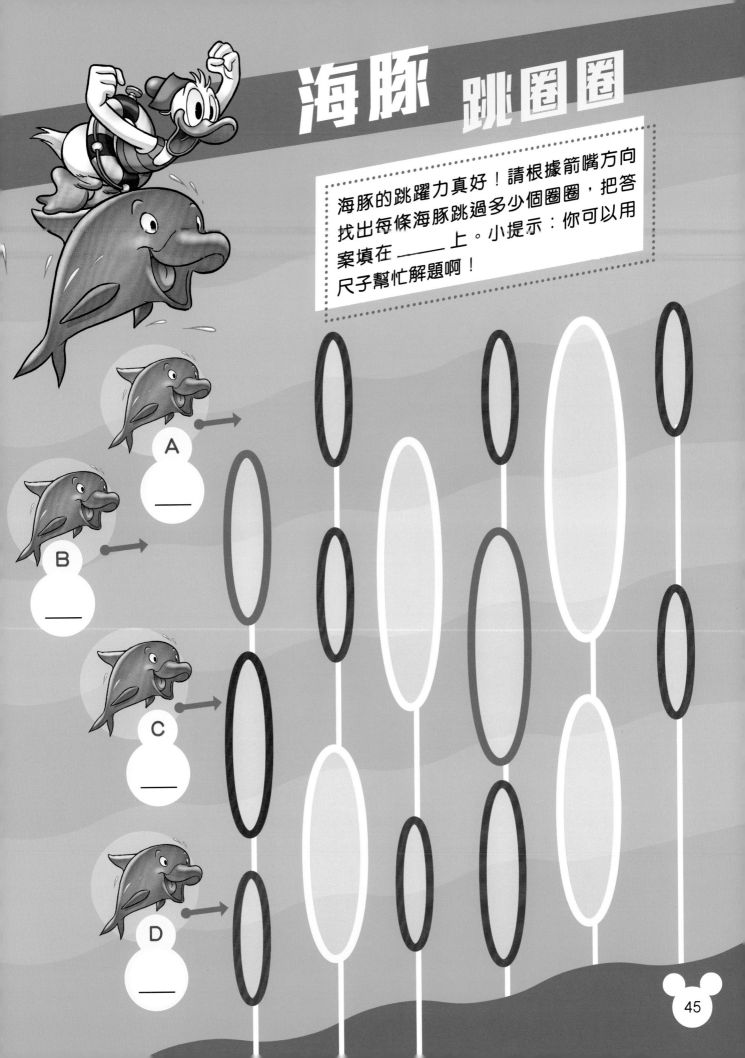

A ___

B ___

C ___

D ___

答案

P.2 旅行目的地
馬來西亞

P.3 圖案迷宮

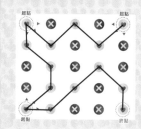

P.4 極速賽車
①

② 我要衝線

P.5 米奇的新玩具　B

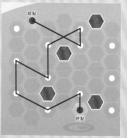

P.6-7 天際飛翔
①

② B

P.8 跳水停不了

P.9 找找風箏線　C

P.10 水上迷宮

前面有一條大瀑布呀

P.11 準備潛水！
A, B, C, D, F

P.12 籃球挑戰賽
唐老鴨：9；輝兒：11；
杜兒：12；路兒：10

P.13 混亂的網球場
① A. 7；B. 5；C. 6；
　 D. 4；E. 3
②

P.14-15 籃球真好玩
①

②

P.16 高爾夫球賽

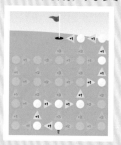

P.17 古怪倒影

P.18 未完成的拼圖
1. D；2. E；3. B；4. A；
5. F；6. C

P.19 唐老鴨的獎牌
A. 2；B. 6；C. 7；D. 1；
E. 5；F. 4；G. 3

P.20 極速跑步機

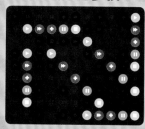

P.21 雪山上的危機　E

P.22 跳入金幣堆

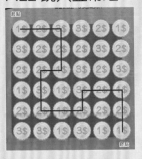

P.23 重組棋盤
1. E；2. F；3. B；4. A；
5. D；6. C

P.24 一起滑雪
① 1. B；2. C；3. A
② 輝兒：5；杜兒：4
　路兒：6

P.25 幸運金幣　Q

P.26 單車競賽

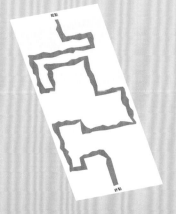

P.27 跳躍訓練
1. B；2. A；3. C

P.28 拳擊高手
1. B；2. C；3. D

P.29 復活蛋包裝紙
A. 3；B. 7；C. 1；D. 6；
E. 8；F. 4；G. 2；H. 5

P.30 拉動雪橇
①

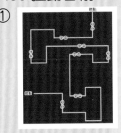

② 0

P.31 有趣的南瓜
外形：2；眼睛：III；嘴巴：B

P.32 誰的聖誕襪？
1. A；2. C；3. B

P.33 薄餅出爐了！　N

P.34 復活蛋配對
1. C；2. D；3. F；4. E；
5. B；6. A

P.35 黛絲的反應

真可愛！

P.36 數數錢袋
A. 10；B. 12；C. 14；D. 8

P.37 七彩游泳圈　F

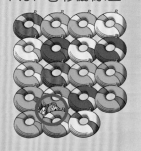

P.38 神秘剪影
1. B；2. C；3. D；4. A

P.39 誰的眼睛？
1. E；2. C；3. I；4. D；
5. J；6. F；7. A；8. G；
9. B；10. H

P.40 心形泡泡

P.41 拆禮物
A. 8；B. 4；C. 6；D. 5；
E. 9；F. 7；G. 2；H. 3；I. 1

P.42 尋蛋遊戲

P.43 最愛服飾

P.44 有趣的生活照

P.45 海豚跳圈圈
A. 4；B. 3；C. 4；D. 5

迪士尼腦力挑戰遊戲書②

翻　　　譯：日　堯
責任編輯：潘曉華
美術設計：蔡學彰
出　　　版：新雅文化事業有限公司
　　　　　　香港英皇道 499 號北角工業大廈 18 樓
　　　　　　電話：(852) 2138 7998
　　　　　　傳真：(852) 2597 4003
　　　　　　網址：http://www.sunya.com.hk
　　　　　　電郵：marketing@sunya.com.hk
發　　　行：香港聯合書刊物流有限公司
　　　　　　香港新界大埔汀麗路 36 號中華商務印刷大廈 3 字樓
　　　　　　電話：(852) 2150 2100
　　　　　　傳真：(852) 2407 3062
　　　　　　電郵：info@suplogistics.com.hk
印　　　刷：中華商務安全印務有限公司
　　　　　　香港新界大埔汀麗路 36 號
版　　　次：二〇二〇年六月初版

ISBN: 978-962-08-7521-2
© 2020 Disney Enterprises, Inc.
All rights reserved.
Published by Sun Ya Publications (HK) Ltd.
18/F, North Point Industrial Building, 499 King's Road, Hong Kong
Published in Hong Kong
Printed in China